I0396356

Puzzle #1

EASY

7		1		2				
	5	4						
	8	2			6			4
			5	1	2			9
5					3	4		
1		3	8			7	6	
		7	2		1	5	9	6
	6	5	4	9	7		3	1
2		9	6		5			7

Puzzle #2
EASY

2								
	3	9					8	
				9	2		1	6
	6						5	9
5			9	7	6		2	1
	2	7		4	5			3
	1	8		5	4		9	
7			2		3	6		8
6			7		9	1		

Puzzle #3
EASY

3	5						9	
9	2			1			8	4
	4	6	9	2	3	1		
	8							
				8	9		5	
		5	3	4		8		9
5			1					3
4			8			6		7
1			7	9		5	2	

Puzzle #4
EASY

9			3		7	2	4	
					6	7		
7	8		4			6	9	
	7							2
8				1	2	4		
3		5	6			1		7
2				5				
5		1	2			8	7	
6	3		1		4	5	2	9

Puzzle #5

EASY

		2	3	6	7		9	
	8	9		4			3	
3			1					2
	3	1	7		9	8		
					•	7		
7	2		8			9	1	5
	1						6	
9	4	5	6		3		7	
	7	6	5		4			

Puzzle #6
EASY

	9	6	3		8			
	8							
	3	4		2			6	9
9				7			3	6
1				9			5	8
	2		6				7	4
		2		8	1	6		
8	7				6	5	4	
		3	5			7	8	

Puzzle #7
EASY

4			6	5			7	
			1			4	2	
			2	9		6		5
5	9		8		7			
	2		5	4		7	9	
	1						6	
	7	9	4		5	8		
	6		1		8			
2	5		7	6	1		3	

Puzzle #8

EASY

8	6	9	2				5	1
	4	3		1				2
	2				5	6	4	9
	8		5	2		9		
	5	1	7		3			8
7		2		8	9		1	6
4								
		5			2		9	7
2				5		1		

Puzzle #9
EASY

9	1					4	8	
6		3	9			1		
2	8						5	
4		2	8					1
	6		2	5		3		8
					3	7	2	
			5	4		2		9
1					6	8	3	
	9	8	3	1		6	4	

Puzzle #10
EASY

		7			1	3		
6						7		5
1	3	2		7	4			
4	7			2	5	9		
5				9	6			1
9		6						8
7	6	9						2
	4			8			3	7
		8	7	4			5	9

Puzzle #11
EASY

		2	9		6			
	9	4		1			2	
	6				2	3		9
	8		5		1			7
		1		9	7		8	3
9		5	2		3	6	4	
	5	6	8	3				
				6				8
3		8	7		4			

Puzzle #12
EASY

3	8		6	2			1	
						5	2	9
		5		1	7	3		8
	5			6				3
	6	4	7			2		
			4		8	1		
7	4	6		3			5	
5			1	4	6	8		2
	1	2	5	7			3	

Puzzle #13
EASY

	7			1		9		
2				3	7			
6		9						8
1	9	3	8			7	2	5
4	6	2	5		3		9	1
		7		2			6	
			7	8		4		3
7	1				6		8	
				1				

Puzzle #14
EASY

9		5	1				2	4	
	2		5					6	1
			6	7	2	5		9
5					8	3		4
				1	5	6		
6	3		9	4		1		5
	1							
		6	8			4	2	
2		8		3		7		

Puzzle #15
EASY

	1	5			9			
8	7				4	1		9
2	4		1		3	6		
6	8		4		5	7		
	9		3		6			2
		3		7				
		8	9				6	
9					1	4		
4		1	6	5		2		7

Puzzle #16

EASY

8				2	9			3
	3	4	8	5			6	
2		9	4			5	8	
			5				9	4
				3	4	8		5
			2			1	3	
9					7			8
5	6			1				9
3	4	7					2	

Puzzle #17
EASY

	4	1					6	3
3					7	4		1
8	5				3	9	7	
				1			2	8
			2	3	4		6	9
			8	7				5
1			7				3	4
2		5			9		1	
4	8			5	1			6

Puzzle #18
EASY

2	1				7	9		3
	3	4	9			1		
		8		1	3		6	2
		2		3			1	9
	7	9		5		6	3	
3				7	9		2	
		5			6		8	
		7		2		3	9	
	6				8		5	

Puzzle #19
EASY

3	9					1		8
	8		2			6		
	5	4	1		7			
5	7				6	2		
2	1	6				4		7
9	4	3		2	5			6
8				4	9			1
	3							
7	2		5				8	4

Puzzle #20

EASY

	6	5	4		8	7		2
	3		7					
9	2			6			8	4
	8		5			2		
			1	2	6			
5	4					3	6	
		8			1			7
4	1		9	8			2	
3	7				4		1	6

Puzzle #21
EASY

4		3	5			7	9	
5			7	3	8	2		
7					2	3	5	
	6		4		9			
	5			7	6	1	8	
		7	1	5		4		
6								2
9				2	7		1	
		1	8	9				5

Puzzle #22

EASY

1			9	8	2		6	5
3	9		7			8		1
	2	6	3	1			4	9
		8	1			6		
		9		3				
			4				8	
		7		4			3	6
	5	3	2			4		
	4	1				5	9	8

Puzzle #23

EASY

	3		2	9	7			
6		5	8	1		3	9	
4	9	2					1	7
7		9		5				3
8		4	3	2				
				7	1	5	4	8
	8				2	7	6	
2				8		1	3	9
							2	8

Puzzle #24

EASY

2			6		4			1
9	1				3		4	2
	7	3			2			9
7		8			5	9	6	3
			9	3				7
	9	1						
	6	7		8		3	1	
1		2		4	7			
	4							5

Puzzle #25

EASY

		6	4		8			1
1	3	9						7
		8					6	5
					1		2	
	2	4	7		3			6
5	1			8	2	7		
4	8	1	9			6		3
	6		8			5	4	
9	7				4			

Puzzle #26

EASY

								6
		6	4		5	1	9	
	1	8						
1	4							5
7	8				1	6	2	3
	2		3	9	8			
3		4		5	7		1	2
5		2		8	3			
8			2		4		3	

Puzzle #27
EASY

		7				9	2	
1	5	2	8					3
	9		5		6			
7				5				2
6	4			1	8	5		
2	1		7		9	8		
	8	4		6	1			
	7		9			6		4
	2		4	7	5	3	8	

Puzzle #28

EASY

2		6						7
		3	4		1	5		
		5	8	7			4	3
	9	1				3	2	
	5	8	7	4				
6	2				3			
5		9	3			8		
1	8		2	5		4		6
	3	2	6			9	1	

Puzzle #29
EASY

						7				9
3				6	8					
					4	9			3	1
5	1	8				4				6
	4				9	6			1	
				1	2				4	
8		1		4		3			6	
		7			1			3		8
	9	3		5		8				

Puzzle #30
EASY

	1	7					3		
				9	6			5	
2									7
		4		8				7	9
6	3	9	2	5		1			4
	8	1	9				3	
1			6	3	4			
8	9	3				4		
		2	5			9	6	3

Puzzle #31
EASY

	1	2	5	3		7	4	6
							5	8
	3	4		6	8	2		
		5	3	8	7			2
		3	6	9		1		4
6					1	5		
	6				2			9
2		8	9	7			1	
		7			3			5

Puzzle #32

EASY

		8				3		4
	2	3			1	5	8	
		1		5	8			7
4		5		8	2			1
			7		5		9	2
9					3	8		5
	6		1			7		
3	5				4		6	9
		9			7			3

Puzzle #33
EASY

8			2					
5	1				8	7	6	2
7				1	6			9
	6	7	8			9	5	4
9	5		1					8
	2	8		9		6		
		7	4			3		
		5			1			6
	4				2	8		7

Puzzle #34

EASY

4				5		8	9	
7			4	2		6		3
	5		9		8			
					4		7	6
9			6				2	
	4	5		3	7			9
	6	4	7		2	9		
	2		5					8
	3			6		4	1	

Puzzle #35

EASY

3	8		2		9	4		
			4		6			7
		5			3		8	
			8	6	4	1		9
8				2	1	5	3	
	4	1			7			
		8	3				9	5
			6			2		
2	3			7	5	8	4	

Puzzle #36

EASY

3							6	1
	4		3	8		9	7	
5	7				9			
2	8			3	1	6		
9	6		5	4				2
1				2			5	
7					3		4	
			2	5	4			6
			6	9		1		8

Puzzle #37
EASY

8	3	2				9	1	4
1	5		9		4			
4							7	
			7		5	4	6	
	8	5	4			1	2	3
				8	3	7		
9		8	3		1	2		7
							3	
	7		5		2	6		

Puzzle #38

EASY

	8	5	9					2
		2					6	
	7							9
	2		1	6	3	4		
7	9		2		5		1	
3					4	8	2	5
	1		8			3		
		7	6			2	5	1
	5		4		7	9		6

Puzzle #39
EASY

		2	5			6		
4	6							1
				3	6	4	2	
8				9		7	1	3
	7	5			2			
					8	5	9	
	3	7		8				5
6	8	9	2					
	1		6	7			3	8

Puzzle #40

EASY

				8		6		
	7			3	6		4	
8	9			7		1		2
9			6			7	2	1
7	3	2				4	6	
1		4	7					
2	5	7	3		1			
6			9			3	5	
	4				7	2		

Puzzle #41
EASY

6		4	1				5	2	
7			5	9		4		
		3			8	1		6
	3	6	9	4			1	
2	5							7
			2	3		9		
	4				2		9	1
9								2
1		8				7	3	4

Puzzle #42

EASY

6		8		4	9	7	1	
	3		2	5				9
9	5			8				
2			6				7	
	7				3	6		
4			5			9	2	8
1	8	7	9		5			2
							9	
3			7	1		5		6

Puzzle #43
EASY

	9						5		
	5				9		2	4	6
	6		5	3	2	1	9	7
3		9		1			2	
	1		8	4			7	
	8		9					
		2	3	5	9	6		
9	3		4			7	5	
		4			6			8

Puzzle #44

EASY

1	2	7		3		5	4	9
					9	3	8	2
9		3	2			6		7
	5					1		4
	1			2		7		
				4	1	9	3	5
	3							
5	6			9	8		7	
8			7					6

Puzzle #45

EASY

4		5	3				9	7
2	3		9	4		6		
9	8	7			6		1	
	1	4				5		
5			6					
		3				4	6	7
		6		3				1
			4	1	2			
1		9		6		2		5

Puzzle #46
EASY

1	8				9		4	
		7	4	6				8
		5				2		
2		8		7		4		
	9		5		6			2
							5	9
	6	2						
7	1	4	3	5		9		
8	3		6		2		5	7

Puzzle #47

EASY

		2	9		3	8	5	
9	1	7	8					3
		5	6	2	7			
			2		8	5	1	
7			3	6		9		
2	5	6			9			8
5				9	6	4		
		4					6	
6		3						

Puzzle #48
EASY

		5		7	6		3	
		3	4					
4				3	5	2	9	1
	3		7		1		8	9
5				9	8	4	7	
7								6
3	4				7			
1			3		9			7
9	7							2

Puzzle #49
EASY

		7		4	2		8	
	1							
		9	7		1		2	
	3		8	2			1	
		8	5	6				
6		4		3	7	8		
9			2		3	4		
	7			1		9		
	4	2	9	8	6		5	1

Puzzle #50

EASY

							2	1
	7		8	2		5		6
			6	5	1		7	
4	1			6				
	8		4	7	2		3	
		7		8		4	6	5
6			2		5		4	7
7	5	4		1				9
		2				6		

Puzzle #51

EASY

8	1		5	4		2		6
	2	9	7				4	
3		6				8	5	7
6	7			5	8			
		3		6				8
2			9					
4		8					1	
	6			3	4	9	8	
9			8		1			3

Puzzle #52
EASY

1			3	4		2		7
		5		6				1
					1		5	6
		4	6					9
9		8	2			7		3
6				9	3	8		
	2					1	9	
5		9	1	3	2	4		8
	7		5	8				

Puzzle #53

EASY

		6	5			9		
3	8			2	7		4	
4		1	9			8		7
9			7	5		2		
	4		3		6	1		
	6		8					5
2		3		1		6	8	
	9	4	2				5	1
	1				9			

Puzzle #54

EASY

	3			2			8	
	9			3	7			
			9	6		1		3
7	1	2					6	
5	6			8	2	4		
	8		6		3	5	2	
		9	7		5	8	3	
3		8		4				
2			3	9	8			6

Puzzle #55
EASY

		4		9	2			
	3			6			2	
2			5					7
4	1	9			8		7	5
	5			3				4
	6	2			4			9
	7		2	1			3	
			8		6			
		5	3	4	9	7	8	1

Puzzle #56
EASY

		6	5		8			
				1		7		8
8	1				2			
5	9				1	4		7
1				3	4		5	2
	4	7	9		5		3	
3				2			4	5
	6		8	4		2		1
			1		7		9	3

Puzzle #57
EASY

7	3		6			5		
		4					2	
		2	7			4		
3	4	6			9			1
2	1	9						
5	8		1	3		9	4	
8	9	3	2		4			
			9	6	7		8	
		1	5			2		

Puzzle #58
EASY

6			4	3		7		1
5				9			2	3
	7		1	6	5		4	
	6			4			9	7
4		2	3					
7		1	9	5	6	2		4
3				8	9			6
	5	6		2		8		
						5		

Puzzle #59
EASY

	3	6		1	8	9		
5	7	8	6	9			4	
2		1			3			7
1		3	9				5	
8		2			6	4		
		9		3	5			
3		5						8
				6			3	4
		4		5	7		1	9

Puzzle #60

EASY

6	9		2	1				
5				9	8	7	4	
			3		5	2		6
		9		5	1	3		4
					3	6	2	
	4							
9	2	5	4	3				8
	7		1		9		5	3
3					7			

Puzzle #61
EASY

	9		5		8			2
2	6	8	1					
1	5	4				6		3
	2	1						
7	8		4	9	1	5	2	6
			7		2		1	
9			8	1			6	7
	1						9	
		5				8		1

Puzzle #62

EASY

		3			7		6	
5	6			2		1		
7		4	8	6	9			
2	3	8			1			6
		6	4		5		2	
4	5	1				7	9	8
	9			4	8	6		
		5		9			4	3
	4		2	5			1	

Puzzle #63

EASY

			9			3		
		4	3	5	2	7	6	
3					6	4	1	5
	2		7		4			
7	1	3		6		5	9	4
		9			5			
			5	2				3
4	7	5		1	3	9		8
								7

Puzzle #64

EASY

		8	3	2				9
5	7		8			4		3
		4		1		8		
	7				3		8	
						3	7	2
				9	8		6	4
			9	4		6		8
8	4		3	7	1		9	5
	3		2		6	1		

Puzzle #65
EASY

							2	
5		2		3	8	9		
1			5	2	9	3		6
		5	1			8	4	2
		1	3	4	5	7	6	
	6	7					5	3
			9		3			
9	4	8			6			1
2	5		4		1			

Puzzle #66
EASY

6	7						1	2
			6	2	5	3		
		2	4					
8	2				4	6		
		6						9
	4		3	5		2	7	8
	9	3	1	4			8	
	8			6		9		1
5					8	7	3	

Puzzle #67
EASY

2			4	7				
				1	6	2	3	7
	7	3	8		9	6	4	
9	5	1			4		6	
		7	9	5		1	8	4
	8					7	9	
3		9	1				7	
		8		3	5			
			6					

Puzzle #68

EASY

6	8	7	4	1				9
		3		5		4		
	2			7				8
2	7	8			6			
5		9	1		8			
3			2		7	5		
9			7	2				
	6				5	1	9	
	3		9		1	7	4	

Puzzle #69
EASY

3	1	2					4	5
6	9		4	3			7	
	7	8					6	
	5				4	3	1	8
1						5	9	
8		3		1	9	7		
9	8		7				3	2
2		7	1		3	9		
		4			6			

Puzzle #70
EASY

	8						4		2
		2	3			1	9	
	4			2	9			
4					1		5	9
		7				3	1	
2		5			3	8		7
3		4	1			7		6
	2			6	7		3	8
7			5	3	2			

Puzzle #71
EASY

3	9	7		2			4	
	2				6			
	5	4	1	3	9	7		8
2		6			4			
							6	2
4	7	8				1		3
1			9		3	5		6
		3	4				1	
5	6				7		3	

Puzzle #72
EASY

8		5		4		2		
				5	3	1		
		3	7			9		
	3	1	5		2		9	
	8				9		4	
	9	2	3	6				
	5		8	1		6		
9		8				5	1	7
6	1	7					3	8

Puzzle #73
EASY

	9	3	7		5	2	8	
5	7	8					3	
		4		3	9	5	6	
1	2					6		5
	3			1	4		7	
								8
				6				3
7	6	2	3				5	
		1		7		8	9	

Puzzle #74

EASY

	6	1					8	4	
					6				
	4		7	8	1		6	9	
	3	9		5	4			1	
	7		1	6	2			5	
		5	9		3	4		6	
		6				2			
	8			1	5		7	3	
3	2	7		9	8	1	5		

Puzzle #75
EASY

			5				6	4
	1		3	6				
		3	2		8			7
7	5			2	3	8	6	
				8	7	1		5
8		1		5	9			
	6	5	7	3		4		8
	3	2						1
			9			2	3	

Puzzle #76
EASY

	3				7		4	
	9	1						2
		2		5				7
5			9		6	1	2	
		3					9	
6	1			8		3	5	4
1	5	7	4					
9			6			2		3
				9	1	4	7	

Puzzle #77
EASY

						8	6	4
		2	6				7	
				9	7	5		
8	3		2				4	
		6			3			
	1	7	4		6		9	5
1		8	3		4	7	5	6
	5					9		2
	2	3	5		9			1

Puzzle #78
EASY

4	6			8				9
				6		2		4
7			9	1				
	9	4			2	1	5	
	1	7		3	5			6
3				4		8		7
1	4						3	8
			3	5		4		
5	3	9	4	2			6	

Puzzle #79
EASY

	9	6		1	3			
			6				9	3
1		5	8	9	7	4		6
	1	7						4
2		4	1		8			
				2	6			
		2	9	5	1		4	
6					2			5
5			3			7	1	

Puzzle #80
EASY

	3				6		9	5
6			3				7	2
7				5		6		3
			1	7	8	4		9
	7	9	6				1	8
				3	4		5	7
	2		4	1		7		
9		7	2			5		
		4						

Puzzle #81
EASY

	5		9		3			
2		6					3	
3			2	8	6	1		
					2	7		4
	9	4	7		5			1
	2		8		4		5	
		3		7			1	2
	4		6		1		9	8
	8	1		2			6	

Puzzle #82

EASY

	9		3		4	2		
		2	7			6	4	3
4		3					7	1
1		6	2	5				
9	2	4						5
	3		1		6	7		
3		9		5			8	
6						5	2	
	4	5						

Puzzle #83
EASY

					6			4
6	2	9	8			1		7
3				1				9
4		2	7	9	3	5		8
					1	9	7	
9	7	1	6		5	4		
	3			5				
1				6	9			
		6		2	8	3	4	

Puzzle #84
EASY

2		8	9		4		7	
	3		6		1	9		
	5		3	2		8		4
5	7	1	2					6
4	8					7		
3							1	2
	4			1	6	2		7
8			5				9	
		5		9	2	3		

Puzzle #85
EASY

5		1	6		8		7	
			2		1			3
		2				1	4	5
2		8		7			9	1
3				6	2			
	9	4			2	3	8	
1	8	3		6		5	2	9
			3					
	7		1		5			

Puzzle #86
EASY

		9		4	8	7	2	6
8		4	2		7			1
					5			
5		6				9	4	
	7						6	
		1		7	2	8	5	3
	1		8		4		7	9
4		3		9				
			5			3	8	

Puzzle #87
EASY

1	2		4	8		7		
8		7		9	3			
	4			1	6	3		
		6						7
7			5			9		
			3			4	5	6
4	7	2	6					8
	3			5		2		1
9	1		8	2			3	4

Puzzle #88
EASY

		1		7		3		
	2	6		1		8	4	
8	9						2	
			3		2			4
		8			7	6		
	5	2	6		1			
	6		7	2			3	8
2	7	9	8					
	8	4		5			9	7

Puzzle #89
EASY

		3				6		
7			6			1		9
9						7		4
	8	9	2			5	7	
4		1		3	7	8		
		5	8	9	6			3
				7	8		5	1
1	4			5	3			7
	9		1	6				

Puzzle #90

EASY

		5			3			6
7	8		1					3
							4	8
8	9		7	5		2		
	1						9	4
	6				9			5
6	2				1	5	8	7
4				6	8		1	2
1		8		3		4		

Puzzle #91

EASY

3					1		8	
1			9	6				5
	4	5			3			
7	9	2	1				5	
4		6				1	9	2
			2		4	6		3
		3			8	7		9
	2			1				8
		4	7	2		5		1

Puzzle #92

EASY

	1	4		7			8	9
				5	3	6		
8		6	1	9				
					7			4
	5	3	6		2	1	9	
			3	8		2		7
3		9				8		
6	8		7	3	9	4		5
		5		6			2	

Puzzle #93
EASY

	5			6	9			4
	6					7		
7			1	5		8		3
	3	1		2		6	5	
2	7	4		1	6			
	8	6		3				2
		8			5		4	
	1		2		8	5		6
	2		3	4		9	7	

Puzzle #94

EASY

			9	3	1			2
1	2	7			4	3		
				2			5	8
			5		8			3
	8	5		6		2		1
		4	2	1	7	6	8	
5				7				
8						1	2	
4	1		6	8				

Puzzle #95
EASY

	2	5						6
	1	8	6	5				
	3	6	8	9				7
			9		4	6	5	3
1	6		3		5			
		4		2			1	
			1		9		7	
	9				3		6	8
6	7	2					9	

Puzzle #96

EASY

	7		2					8
2			5	1		6		
				4	8			2
8		7					4	6
1			4		6	3	5	
6						2		
5	2		3	7				9
			6	5	9		2	3
		6	8			4		5

Puzzle #97
EASY

	8						6		7
	6			2	3			
7		3	1		6	2	9	
		5	4				6	
	3		2				4	5
2	7			5		3	8	
8						5		
5		1		6	7		2	8
3	2		8				1	

Puzzle #98
EASY

6	1	9	5	3		4		8
	7		2					3
2				8		7	9	
			8		2	3		5
			3	1	6			
3	8	7	9		5			
		2					6	
9			4			5	8	7
7			6			2		4

Puzzle #99
EASY

			1		9	6		8
			6	2		5	3	
8								2
1	9		4					
6	8			3	1			9
		4			2			6
	7	6	2	8		3		
3	1	5	9	6	7	8	2	4
4	2				3			

Puzzle #100

EASY

6		7	4	3			8	
3	4	1			6	7		5
		5	7				4	6
2	6							3
	7				2	8	6	
			3			4	5	
			6		1	9	3	
			8	2				
7	1		9	5			2	

Puzzle # 1

7	3	1	9	2	4	6	5	8
6	5	4	1	7	8	9	2	3
9	8	2	3	5	6	1	7	4
4	7	6	5	1	2	3	8	9
5	9	8	7	6	3	4	1	2
1	2	3	8	4	9	7	6	5
3	4	7	2	8	1	5	9	6
8	6	5	4	9	7	2	3	1
2	1	9	6	3	5	8	4	7

Puzzle # 2

2	5	6	8	3	1	9	7	4
1	3	9	4	6	7	5	8	2
8	7	4	5	9	2	3	1	6
4	6	1	3	2	8	7	5	9
5	8	3	9	7	6	4	2	1
9	2	7	1	4	5	8	6	3
3	1	8	6	5	4	2	9	7
7	9	5	2	1	3	6	4	8
6	4	2	7	8	9	1	3	5

Puzzle # 3

3	5	1	4	7	8	2	9	6
9	2	7	5	1	6	3	8	4
8	4	6	9	2	3	1	7	5
7	8	9	6	5	1	4	3	2
6	3	4	2	8	9	7	5	1
2	1	5	3	4	7	8	6	9
5	7	8	1	6	2	9	4	3
4	9	2	8	3	5	6	1	7
1	6	3	7	9	4	5	2	8

Puzzle # 4

9	5	6	3	8	7	2	4	1
4	1	2	5	9	6	7	3	8
7	8	3	4	2	1	6	9	5
1	7	4	8	3	5	9	6	2
8	6	9	7	1	2	4	5	3
3	2	5	6	4	9	1	8	7
2	4	7	9	5	8	3	1	6
5	9	1	2	6	3	8	7	4
6	3	8	1	7	4	5	2	9

Puzzle # 5

4	5	2	3	6	7	1	9	8
1	8	9	2	4	5	6	3	7
3	6	7	1	9	8	4	5	2
5	3	1	7	2	9	8	4	6
6	9	8	4	5	1	7	2	3
7	2	4	8	3	6	9	1	5
8	1	3	9	7	2	5	6	4
9	4	5	6	8	3	2	7	1
2	7	6	5	1	4	3	8	9

Puzzle # 6

2	9	6	3	5	8	4	1	7
7	8	1	9	6	4	3	2	5
5	3	4	1	2	7	8	6	9
9	4	5	8	7	2	1	3	6
1	6	7	4	9	3	2	5	8
3	2	8	6	1	5	9	7	4
4	5	2	7	8	1	6	9	3
8	7	9	2	3	6	5	4	1
6	1	3	5	4	9	7	8	2

Puzzle # 7

4	8	2	6	5	3	1	7	9
9	6	5	1	7	8	4	2	3
1	3	7	2	9	4	6	8	5
5	9	6	8	1	7	3	4	2
8	2	3	5	4	6	7	9	1
7	1	4	9	3	2	5	6	8
3	7	9	4	2	5	8	1	6
6	4	1	3	8	9	2	5	7
2	5	8	7	6	1	9	3	4

Puzzle # 8

8	6	9	2	7	4	3	5	1
5	4	3	9	1	6	7	8	2
1	2	7	8	3	5	6	4	9
6	8	4	5	2	1	9	7	3
9	5	1	7	6	3	4	2	8
7	3	2	4	8	9	5	1	6
4	7	6	1	9	8	2	3	5
3	1	5	6	4	2	8	9	7
2	9	8	3	5	7	1	6	4

Puzzle # 9

9	1	5	6	2	7	4	8	3
6	4	3	9	8	5	1	7	2
2	8	7	4	3	1	9	5	6
4	3	2	8	7	9	5	6	1
7	6	1	2	5	4	3	9	8
8	5	9	1	6	3	7	2	4
3	7	6	5	4	8	2	1	9
1	2	4	7	9	6	8	3	5
5	9	8	3	1	2	6	4	7

Puzzle # 10

8	5	7	9	6	1	3	2	4
6	9	4	2	3	8	7	1	5
1	3	2	5	7	4	8	9	6
4	7	1	8	2	5	9	6	3
5	8	3	4	9	6	2	7	1
9	2	6	3	1	7	5	4	8
7	6	9	1	5	3	4	8	2
2	4	5	6	8	9	1	3	7
3	1	8	7	4	2	6	5	9

Puzzle # 11

1	3	2	9	7	6	8	5	4
5	9	4	3	1	8	7	2	6
8	6	7	4	5	2	3	1	9
6	8	3	5	4	1	2	9	7
2	4	1	6	9	7	5	8	3
9	7	5	2	8	3	6	4	1
4	5	6	8	3	9	1	7	2
7	2	9	1	6	5	4	3	8
3	1	8	7	2	4	9	6	5

Puzzle # 12

3	8	9	6	2	5	4	1	7
6	7	1	3	8	4	5	2	9
4	2	5	9	1	7	3	6	8
9	5	8	2	6	1	7	4	3
1	6	4	7	9	3	2	8	5
2	3	7	4	5	8	1	9	6
7	4	6	8	3	2	9	5	1
5	9	3	1	4	6	8	7	2
8	1	2	5	7	9	6	3	4

Puzzle # 13

5	7	4	6	1	8	9	3	2
2	8	1	9	3	7	5	4	6
6	3	9	4	5	2	1	7	8
1	9	3	8	6	4	7	2	5
4	6	2	5	7	3	8	9	1
8	5	7	1	2	9	3	6	4
9	2	6	7	8	5	4	1	3
7	1	5	3	4	6	2	8	9
3	4	8	2	9	1	6	5	7

Puzzle # 14

9	6	5	1	8	3	2	4	7
3	2	7	5	9	4	8	6	1
1	8	4	6	7	2	5	3	9
5	7	1	2	6	8	3	9	4
8	4	9	3	1	5	6	7	2
6	3	2	9	4	7	1	8	5
4	1	3	7	2	6	9	5	8
7	9	6	8	5	1	4	2	3
2	5	8	4	3	9	7	1	6

Puzzle # 15

3	1	5	7	6	9	8	2	4
8	7	6	5	2	4	1	3	9
2	4	9	1	8	3	6	7	5
6	8	2	4	9	5	7	1	3
7	9	4	3	1	6	5	8	2
1	5	3	8	7	2	9	4	6
5	2	8	9	4	7	3	6	1
9	6	7	2	3	1	4	5	8
4	3	1	6	5	8	2	9	7

Puzzle # 16

8	5	6	7	2	9	4	1	3
7	3	4	8	5	1	9	6	2
2	1	9	4	6	3	5	8	7
1	8	3	5	7	6	2	9	4
6	9	2	1	3	4	8	7	5
4	7	5	2	9	8	1	3	6
9	2	1	6	4	7	3	5	8
5	6	8	3	1	2	7	4	9
3	4	7	9	8	5	6	2	1

Puzzle # 17

7	4	1	5	9	2	6	8	3
3	9	2	6	8	7	4	5	1
8	5	6	1	4	3	9	7	2
6	7	4	9	1	5	3	2	8
5	1	8	2	3	4	7	6	9
9	2	3	8	7	6	1	4	5
1	6	9	7	2	8	5	3	4
2	3	5	4	6	9	8	1	7
4	8	7	3	5	1	2	9	6

Puzzle # 18

2	1	6	5	8	7	9	4	3
5	3	4	9	6	2	1	7	8
7	9	8	4	1	3	5	6	2
6	5	2	8	3	4	7	1	9
8	7	9	2	5	1	6	3	4
3	4	1	6	7	9	8	2	5
1	2	5	3	9	6	4	8	7
4	8	7	1	2	5	3	9	6
9	6	3	7	4	8	2	5	1

Puzzle # 19

3	9	2	6	5	4	1	7	8
1	8	7	2	9	3	6	4	5
6	5	4	1	8	7	9	3	2
5	7	8	4	1	6	2	9	3
2	1	6	9	3	8	4	5	7
9	4	3	7	2	5	8	1	6
8	6	5	3	4	9	7	2	1
4	3	1	8	7	2	5	6	9
7	2	9	5	6	1	3	8	4

Puzzle # 20

1	6	5	4	9	8	7	3	2
8	3	4	7	1	2	6	9	5
9	2	7	3	6	5	1	8	4
6	8	1	5	4	3	2	7	9
7	9	3	1	2	6	4	5	8
5	4	2	8	7	9	3	6	1
2	5	8	6	3	1	9	4	7
4	1	6	9	8	7	5	2	3
3	7	9	2	5	4	8	1	6

Puzzle # 21

4	2	3	5	6	1	7	9	8
5	1	9	7	3	8	2	6	4
7	8	6	9	4	2	3	5	1
1	6	2	4	8	9	5	3	7
3	5	4	2	7	6	1	8	9
8	9	7	1	5	3	4	2	6
6	7	8	3	1	5	9	4	2
9	4	5	6	2	7	8	1	3
2	3	1	8	9	4	6	7	5

Puzzle # 22

1	7	4	9	8	2	3	6	5
3	9	5	7	6	4	8	2	1
8	2	6	3	1	5	7	4	9
5	3	8	1	2	9	6	7	4
4	6	9	8	3	7	1	5	2
7	1	2	4	5	6	9	8	3
9	8	7	5	4	1	2	3	6
6	5	3	2	9	8	4	1	7
2	4	1	6	7	3	5	9	8

Puzzle # 23

1	3	8	2	9	7	4	5	6
6	7	5	8	1	4	3	9	2
4	9	2	5	6	3	8	1	7
7	1	9	4	5	8	6	2	3
8	5	4	3	2	6	9	7	1
3	2	6	9	7	1	5	4	8
9	8	3	1	4	2	7	6	5
2	4	7	6	8	5	1	3	9
5	6	1	7	3	9	2	8	4

Puzzle # 24

2	8	5	6	9	4	7	3	1
9	1	6	8	7	3	5	4	2
4	7	3	1	5	2	6	8	9
7	2	8	4	1	5	9	6	3
6	5	4	9	3	8	1	2	7
3	9	1	7	2	6	4	5	8
5	6	7	2	8	9	3	1	4
1	3	2	5	4	7	8	9	6
8	4	9	3	6	1	2	7	5

Puzzle # 25

2	5	6	4	7	8	9	3	1
1	3	9	2	5	6	8	4	7
7	4	8	1	3	9	2	6	5
6	9	7	5	4	1	3	2	8
8	2	4	7	9	3	5	1	6
5	1	3	6	8	2	7	9	4
4	8	1	9	2	7	6	5	3
3	6	2	8	1	5	4	7	9
9	7	5	3	6	4	1	8	2

Puzzle # 26

9	5	7	8	1	2	3	4	6
2	3	6	4	7	5	1	9	8
4	1	8	6	3	9	2	5	7
1	4	3	7	2	6	9	8	5
7	8	9	5	4	1	6	2	3
6	2	5	3	9	8	4	7	1
3	6	4	9	5	7	8	1	2
5	9	2	1	8	3	7	6	4
8	7	1	2	6	4	5	3	9

Puzzle # 27

8	6	7	1	4	3	9	2	5
1	5	2	8	9	7	4	6	3
4	9	3	5	2	6	7	1	8
7	3	8	6	5	4	1	9	2
6	4	9	2	1	8	5	3	7
2	1	5	7	3	9	8	4	6
5	8	4	3	6	1	2	7	9
3	7	1	9	8	2	6	5	4
9	2	6	4	7	5	3	8	1

Puzzle # 28

2	4	6	9	3	5	1	8	7
8	7	3	4	2	1	5	6	9
9	1	5	8	7	6	2	4	3
7	9	1	5	6	8	3	2	4
3	5	8	7	4	2	6	9	1
6	2	4	1	9	3	7	5	8
5	6	9	3	1	4	8	7	2
1	8	7	2	5	9	4	3	6
4	3	2	6	8	7	9	1	5

Puzzle # 29

1	2	4	3	5	7	6	8	9
3	7	9	6	8	1	4	2	5
6	8	5	2	4	9	7	3	1
5	1	8	7	3	4	2	9	6
7	4	2	8	9	6	5	1	3
9	3	6	1	2	5	8	4	7
8	5	1	4	7	3	9	6	2
4	6	7	9	1	2	3	5	8
2	9	3	5	6	8	1	7	4

Puzzle # 30

9	1	7	8	2	5	3	4	6
3	4	8	7	9	6	2	5	1
2	6	5	4	3	1	8	9	7
5	2	4	1	8	3	6	7	9
6	3	9	2	5	7	1	8	4
7	8	1	9	6	4	5	3	2
1	5	6	3	4	9	7	2	8
8	9	3	6	7	2	4	1	5
4	7	2	5	1	8	9	6	3

Puzzle # 31

8	1	2	5	3	9	7	4	6
9	7	6	1	2	4	3	5	8
5	3	4	7	6	8	2	9	1
1	4	5	3	8	7	9	6	2
7	2	3	6	9	5	1	8	4
6	8	9	2	4	1	5	3	7
3	6	1	4	5	2	8	7	9
2	5	8	9	7	6	4	1	3
4	9	7	8	1	3	6	2	5

Puzzle # 32

5	9	8	2	7	6	3	1	4
7	2	3	4	9	1	5	8	6
6	4	1	3	5	8	9	2	7
4	7	5	9	8	2	6	3	1
8	3	6	7	1	5	4	9	2
9	1	2	6	4	3	8	7	5
2	6	4	1	3	9	7	5	8
3	5	7	8	2	4	1	6	9
1	8	9	5	6	7	2	4	3

Puzzle # 33

8	9	6	2	7	5	1	4	3
5	1	4	9	3	8	7	6	2
7	3	2	4	1	6	5	8	9
1	6	7	8	2	3	9	5	4
9	5	3	1	6	4	2	7	8
4	2	8	5	9	7	6	3	1
6	8	1	7	4	9	3	2	5
2	7	5	3	8	1	4	9	6
3	4	9	6	5	2	8	1	7

Puzzle # 34

4	1	2	3	5	6	8	9	7
7	9	8	4	2	1	6	5	3
3	5	6	9	7	8	2	4	1
2	8	3	1	9	4	5	7	6
9	7	1	6	8	5	3	2	4
6	4	5	2	3	7	1	8	9
8	6	4	7	1	2	9	3	5
1	2	9	5	4	3	7	6	8
5	3	7	8	6	9	4	1	2

Puzzle # 35

3	8	7	2	5	9	4	6	1
1	9	2	4	8	6	3	5	7
4	6	5	7	1	3	9	8	2
5	2	3	8	6	4	1	7	9
8	7	6	9	2	1	5	3	4
9	4	1	5	3	7	6	2	8
6	1	8	3	4	2	7	9	5
7	5	4	6	9	8	2	1	3
2	3	9	1	7	5	8	4	6

Puzzle # 36

3	9	8	4	7	5	2	6	1
6	4	1	3	8	2	9	7	5
5	7	2	1	6	9	4	8	3
2	8	5	7	3	1	6	9	4
9	6	7	5	4	8	3	1	2
1	3	4	9	2	6	8	5	7
7	2	6	8	1	3	5	4	9
8	1	9	2	5	4	7	3	6
4	5	3	6	9	7	1	2	8

Puzzle # 37

8	3	2	6	5	7	9	1	4
1	5	7	9	2	4	8	3	6
4	6	9	1	3	8	5	7	2
2	9	3	7	1	5	4	6	8
7	8	5	4	9	6	1	2	3
6	1	4	2	8	3	7	9	5
9	4	8	3	6	1	2	5	7
5	2	6	8	7	9	3	4	1
3	7	1	5	4	2	6	8	9

Puzzle # 38

4	8	5	9	7	6	1	3	2
9	3	2	5	4	1	7	6	8
1	7	6	3	2	8	5	4	9
5	2	8	1	6	3	4	9	7
7	9	4	2	8	5	6	1	3
3	6	1	7	9	4	8	2	5
6	1	9	8	5	2	3	7	4
8	4	7	6	3	9	2	5	1
2	5	3	4	1	7	9	8	6

Puzzle # 39

3	9	2	5	4	1	6	8	7
4	6	8	9	2	7	3	5	1
7	5	1	8	3	6	4	2	9
8	2	6	4	9	5	7	1	3
9	7	5	3	1	2	8	4	6
1	4	3	7	6	8	5	9	2
2	3	7	1	8	4	9	6	5
6	8	9	2	5	3	1	7	4
5	1	4	6	7	9	2	3	8

Puzzle # 40

4	2	3	1	8	9	6	7	5
5	7	1	2	3	6	9	4	8
8	9	6	4	7	5	1	3	2
9	8	5	6	4	3	7	2	1
7	3	2	5	1	8	4	6	9
1	6	4	7	9	2	5	8	3
2	5	7	3	6	1	8	9	4
6	1	8	9	2	4	3	5	7
3	4	9	8	5	7	2	1	6

Puzzle # 41

6	8	4	1	7	3	5	2	9
7	1	2	5	9	6	4	8	3
5	9	3	4	2	8	1	7	6
8	3	6	9	4	7	2	1	5
2	5	9	8	6	1	3	4	7
4	7	1	2	3	5	9	6	8
3	4	5	7	8	2	6	9	1
9	6	7	3	1	4	8	5	2
1	2	8	6	5	9	7	3	4

Puzzle # 42

6	2	8	3	4	9	7	1	5
7	3	1	2	5	6	8	4	9
9	5	4	1	8	7	2	6	3
2	1	5	6	9	8	3	7	4
8	7	9	4	2	3	6	5	1
4	6	3	5	7	1	9	2	8
1	8	7	9	6	5	4	3	2
5	4	6	8	3	2	1	9	7
3	9	2	7	1	4	5	8	6

Puzzle # 43

2	9	7	1	6	4	5	8	3
1	5	3	7	9	8	2	4	6
4	6	8	5	3	2	1	9	7
3	4	9	6	1	7	8	2	5
6	2	1	8	4	5	3	7	9
7	8	5	9	2	3	4	6	1
8	7	2	3	5	9	6	1	4
9	3	6	4	8	1	7	5	2
5	1	4	2	7	6	9	3	8

Puzzle # 44

1	2	7	8	3	6	5	4	9
6	4	5	1	7	9	3	8	2
9	8	3	2	5	4	6	1	7
3	5	6	9	8	7	1	2	4
4	1	9	3	2	5	7	6	8
2	7	8	6	4	1	9	3	5
7	3	4	5	6	2	8	9	1
5	6	1	4	9	8	2	7	3
8	9	2	7	1	3	4	5	6

Puzzle # 45

4	6	5	3	8	1	9	7	2
2	3	1	9	4	7	6	5	8
9	8	7	2	5	6	3	1	4
6	1	4	8	7	3	5	2	9
5	7	2	6	9	4	1	8	3
8	9	3	1	2	5	4	6	7
7	2	6	5	3	9	8	4	1
3	5	8	4	1	2	7	9	6
1	4	9	7	6	8	2	3	5

Puzzle # 46

1	8	3	7	2	9	6	4	5
9	2	7	4	6	5	3	1	8
6	4	5	8	1	3	2	7	9
2	5	8	9	7	1	4	6	3
4	9	1	5	3	6	7	8	2
3	7	6	2	8	4	5	9	1
5	6	2	1	9	7	8	3	4
7	1	4	3	5	8	9	2	6
8	3	9	6	4	2	1	5	7

Puzzle # 47

4	6	2	9	1	3	8	5	7
9	1	7	8	5	4	2	6	3
8	3	5	6	2	7	1	9	4
3	4	9	2	7	8	5	1	6
7	8	1	3	6	5	9	4	2
2	5	6	1	4	9	3	7	8
5	2	8	7	9	6	4	3	1
1	7	4	5	3	2	6	8	9
6	9	3	4	8	1	7	2	5

Puzzle # 48

2	1	5	9	7	6	8	3	4
8	9	3	4	1	2	7	6	5
4	6	7	8	3	5	2	9	1
6	3	4	7	2	1	5	8	9
5	2	1	6	9	8	4	7	3
7	8	9	5	4	3	1	2	6
3	4	6	2	5	7	9	1	8
1	5	2	3	8	9	6	4	7
9	7	8	1	6	4	3	5	2

Puzzle # 49

5	6	7	3	4	2	1	8	9
2	1	3	6	9	8	5	4	7
4	8	9	7	5	1	3	2	6
7	3	5	8	2	9	6	1	4
1	9	8	5	6	4	2	7	3
6	2	4	1	3	7	8	9	5
9	5	1	2	7	3	4	6	8
8	7	6	4	1	5	9	3	2
3	4	2	9	8	6	7	5	1

Puzzle # 50

8	6	5	9	3	7	2	1	4
3	7	1	8	2	4	5	9	6
2	4	9	6	5	1	3	7	8
4	1	3	5	6	9	7	8	2
5	8	6	4	7	2	9	3	1
9	2	7	1	8	3	4	6	5
6	3	8	2	9	5	1	4	7
7	5	4	3	1	6	8	2	9
1	9	2	7	4	8	6	5	3

Puzzle # 51

8	1	7	5	4	3	2	9	6
5	2	9	7	8	6	3	4	1
3	4	6	1	2	9	8	5	7
6	7	4	3	5	8	1	2	9
1	9	3	4	6	2	5	7	8
2	8	5	9	1	7	6	3	4
4	3	8	6	9	5	7	1	2
7	6	1	2	3	4	9	8	5
9	5	2	8	7	1	4	6	3

Puzzle # 52

1	9	6	3	4	5	2	8	7
2	8	5	9	6	7	3	4	1
3	4	7	8	2	1	9	5	6
7	3	4	6	1	8	5	2	9
9	1	8	2	5	4	7	6	3
6	5	2	7	9	3	8	1	4
8	2	3	4	7	6	1	9	5
5	6	9	1	3	2	4	7	8
4	7	1	5	8	9	6	3	2

Puzzle # 53

7	2	6	5	8	4	9	1	3
3	8	9	1	2	7	5	4	6
4	5	1	9	6	3	8	2	7
9	3	8	7	5	1	2	6	4
5	4	2	3	9	6	1	7	8
1	6	7	8	4	2	3	9	5
2	7	3	4	1	5	6	8	9
6	9	4	2	3	8	7	5	1
8	1	5	6	7	9	4	3	2

Puzzle # 54

4	3	7	5	2	1	6	8	9
1	9	6	8	3	7	2	5	4
8	2	5	9	6	4	1	7	3
7	1	2	4	5	9	3	6	8
5	6	3	1	8	2	4	9	7
9	8	4	6	7	3	5	2	1
6	4	9	7	1	5	8	3	2
3	7	8	2	4	6	9	1	5
2	5	1	3	9	8	7	4	6

Puzzle # 55

7	8	4	1	9	2	6	5	3
5	3	1	4	6	7	9	2	8
2	9	6	5	8	3	1	4	7
4	1	9	6	2	8	3	7	5
8	5	7	9	3	1	2	6	4
3	6	2	7	5	4	8	1	9
9	7	8	2	1	5	4	3	6
1	4	3	8	7	6	5	9	2
6	2	5	3	4	9	7	8	1

Puzzle # 56

7	2	6	5	9	8	3	1	4
9	3	5	4	1	6	7	2	8
8	1	4	3	7	2	5	6	9
5	9	3	2	6	1	4	8	7
1	6	8	7	3	4	9	5	2
2	4	7	9	8	5	1	3	6
3	7	1	6	2	9	8	4	5
6	5	9	8	4	3	2	7	1
4	8	2	1	5	7	6	9	3

Puzzle # 57

7	3	8	6	4	2	5	1	9
9	6	4	3	5	1	8	2	7
1	5	2	7	9	8	4	3	6
3	4	6	8	2	9	7	5	1
2	1	9	4	7	5	3	6	8
5	8	7	1	3	6	9	4	2
8	9	3	2	1	4	6	7	5
4	2	5	9	6	7	1	8	3
6	7	1	5	8	3	2	9	4

Puzzle # 58

6	8	9	4	3	2	7	5	1
5	1	4	8	9	7	6	2	3
2	7	3	1	6	5	9	4	8
8	6	5	2	4	1	3	9	7
4	9	2	3	7	8	1	6	5
7	3	1	9	5	6	2	8	4
3	2	7	5	8	9	4	1	6
1	5	6	7	2	4	8	3	9
9	4	8	6	1	3	5	7	2

Puzzle # 59

4	3	6	7	1	8	9	2	5
5	7	8	6	9	2	3	4	1
2	9	1	5	4	3	8	6	7
1	6	3	9	8	4	7	5	2
8	5	2	1	7	6	4	9	3
7	4	9	2	3	5	1	8	6
3	1	5	4	2	9	6	7	8
9	2	7	8	6	1	5	3	4
6	8	4	3	5	7	2	1	9

Puzzle # 60

6	9	7	2	1	4	8	3	5
5	3	2	6	9	8	7	4	1
4	8	1	3	7	5	2	9	6
2	6	9	7	5	1	3	8	4
1	5	8	9	4	3	6	2	7
7	4	3	8	6	2	5	1	9
9	2	5	4	3	6	1	7	8
8	7	6	1	2	9	4	5	3
3	1	4	5	8	7	9	6	2

Puzzle # 61

3	9	7	5	6	8	1	4	2
2	6	8	1	3	4	7	5	9
1	5	4	2	7	9	6	8	3
5	2	1	6	8	3	9	7	4
7	8	3	4	9	1	5	2	6
6	4	9	7	5	2	3	1	8
9	3	2	8	1	5	4	6	7
8	1	6	3	4	7	2	9	5
4	7	5	9	2	6	8	3	1

Puzzle # 62

8	2	3	5	1	7	9	6	4
5	6	9	3	2	4	1	8	7
7	1	4	8	6	9	5	3	2
2	3	8	9	7	1	4	5	6
9	7	6	4	8	5	3	2	1
4	5	1	6	3	2	7	9	8
3	9	2	1	4	8	6	7	5
1	8	5	7	9	6	2	4	3
6	4	7	2	5	3	8	1	9

Puzzle # 63

6	5	7	9	4	1	3	8	2
1	8	4	3	5	2	7	6	9
3	9	2	8	7	6	4	1	5
5	2	6	7	9	4	8	3	1
7	1	3	2	6	8	5	9	4
8	4	9	1	3	5	2	7	6
9	6	8	5	2	7	1	4	3
4	7	5	6	1	3	9	2	8
2	3	1	4	8	9	6	5	7

Puzzle # 64

1	6	8	4	3	2	7	5	9
5	7	2	8	6	9	4	1	3
3	9	4	5	1	7	8	2	6
4	5	7	6	2	3	9	8	1
6	8	9	1	5	4	3	7	2
2	1	3	7	9	8	5	6	4
7	2	1	9	4	5	6	3	8
8	4	6	3	7	1	2	9	5
9	3	5	2	8	6	1	4	7

Puzzle # 65

6	3	9	7	1	4	2	8	5
5	7	2	6	3	8	9	1	4
1	8	4	5	2	9	3	7	6
3	9	5	1	6	7	8	4	2
8	2	1	3	4	5	7	6	9
4	6	7	8	9	2	1	5	3
7	1	6	9	5	3	4	2	8
9	4	8	2	7	6	5	3	1
2	5	3	4	8	1	6	9	7

Puzzle # 66

6	7	5	8	3	9	4	1	2
4	1	8	6	2	5	3	9	7
9	3	2	4	7	1	8	6	5
8	2	7	9	1	4	6	5	3
3	5	6	7	8	2	1	4	9
1	4	9	3	5	6	2	7	8
2	9	3	1	4	7	5	8	6
7	8	4	5	6	3	9	2	1
5	6	1	2	9	8	7	3	4

Puzzle # 67

2	1	6	4	7	3	9	5	8
8	9	4	5	1	6	2	3	7
5	7	3	8	2	9	6	4	1
9	5	1	7	8	4	3	6	2
6	3	7	9	5	2	1	8	4
4	8	2	3	6	1	7	9	5
3	2	9	1	4	8	5	7	6
7	6	8	2	3	5	4	1	9
1	4	5	6	9	7	8	2	3

Puzzle # 68

6	8	7	4	1	3	2	5	9
1	9	3	8	5	2	4	7	6
4	2	5	6	7	9	3	1	8
2	7	8	5	4	6	9	3	1
5	4	9	1	3	8	6	2	7
3	1	6	2	9	7	5	8	4
9	5	1	7	2	4	8	6	3
7	6	4	3	8	5	1	9	2
8	3	2	9	6	1	7	4	5

Puzzle # 69

3	1	2	8	6	7	4	5	9
6	9	5	4	3	2	8	7	1
4	7	8	9	5	1	2	6	3
7	5	9	6	2	4	3	1	8
1	2	6	3	7	8	5	9	4
8	4	3	5	1	9	7	2	6
9	8	1	7	4	5	6	3	2
2	6	7	1	8	3	9	4	5
5	3	4	2	9	6	1	8	7

Puzzle # 70

9	8	3	6	1	5	4	7	2
6	7	2	3	8	4	1	9	5
5	4	1	7	2	9	6	8	3
4	3	6	8	7	1	2	5	9
8	9	7	2	5	6	3	1	4
2	1	5	9	4	3	8	6	7
3	5	4	1	9	8	7	2	6
1	2	9	4	6	7	5	3	8
7	6	8	5	3	2	9	4	1

Puzzle # 71

3	9	7	5	2	8	6	4	1
8	2	1	7	4	6	3	9	5
6	5	4	1	3	9	7	2	8
2	1	6	3	5	4	9	8	7
9	3	5	8	7	1	4	6	2
4	7	8	6	9	2	1	5	3
1	4	2	9	8	3	5	7	6
7	8	3	4	6	5	2	1	9
5	6	9	2	1	7	8	3	4

Puzzle # 72

8	6	5	9	4	1	2	7	3
2	7	9	6	5	3	1	8	4
1	4	3	7	2	8	9	6	5
4	3	1	5	8	2	7	9	6
5	8	6	1	7	9	3	4	2
7	9	2	3	6	4	8	5	1
3	5	4	8	1	7	6	2	9
9	2	8	4	3	6	5	1	7
6	1	7	2	9	5	4	3	8

Puzzle # 73

6	9	3	7	4	5	2	8	1
5	7	8	1	2	6	4	3	9
2	1	4	8	3	9	5	6	7
1	2	7	9	8	3	6	4	5
8	3	5	6	1	4	9	7	2
9	4	6	2	5	7	3	1	8
4	8	9	5	6	1	7	2	3
7	6	2	3	9	8	1	5	4
3	5	1	4	7	2	8	9	6

Puzzle # 74

7	6	1	5	3	9	8	4	2
8	9	3	4	2	6	5	1	7
5	4	2	7	8	1	3	6	9
6	3	9	8	5	4	7	2	1
4	7	8	1	6	2	9	3	5
2	1	5	9	7	3	4	8	6
1	5	6	3	4	7	2	9	8
9	8	4	2	1	5	6	7	3
3	2	7	6	9	8	1	5	4

Puzzle # 75

2	8	9	5	7	1	6	4	3
5	1	7	3	6	4	9	8	2
6	4	3	2	9	8	5	1	7
7	5	4	1	2	3	8	6	9
3	9	6	4	8	7	1	2	5
8	2	1	6	5	9	3	7	4
1	6	5	7	3	2	4	9	8
9	3	2	8	4	6	7	5	1
4	7	8	9	1	5	2	3	6

Puzzle # 76

8	3	5	2	6	7	9	4	1
7	9	1	3	4	8	5	6	2
4	6	2	1	5	9	8	3	7
5	7	4	9	3	6	1	2	8
2	8	3	5	1	4	7	9	6
6	1	9	7	8	2	3	5	4
1	5	7	4	2	3	6	8	9
9	4	8	6	7	5	2	1	3
3	2	6	8	9	1	4	7	5

Puzzle # 77

9	7	5	1	3	2	8	6	4
3	8	2	6	4	5	1	7	9
4	6	1	8	9	7	5	2	3
8	3	9	2	5	1	6	4	7
5	4	6	9	7	3	2	1	8
2	1	7	4	8	6	3	9	5
1	9	8	3	2	4	7	5	6
6	5	4	7	1	8	9	3	2
7	2	3	5	6	9	4	8	1

Puzzle # 78

4	6	5	2	8	7	3	1	9
9	8	1	5	6	3	2	7	4
7	2	3	9	1	4	6	8	5
8	9	4	6	7	2	1	5	3
2	1	7	8	3	5	9	4	6
3	5	6	1	4	9	8	2	7
1	4	2	7	9	6	5	3	8
6	7	8	3	5	1	4	9	2
5	3	9	4	2	8	7	6	1

Puzzle # 79

4	9	6	2	1	3	5	8	7
7	2	8	6	4	5	1	9	3
1	3	5	8	9	7	4	2	6
8	1	7	5	3	9	2	6	4
2	6	4	1	7	8	3	5	9
9	5	3	4	2	6	8	7	1
3	7	2	9	5	1	6	4	8
6	4	1	7	8	2	9	3	5
5	8	9	3	6	4	7	1	2

Puzzle # 80

8	3	2	7	4	6	1	9	5
6	4	5	3	9	1	8	7	2
7	9	1	8	5	2	6	4	3
2	5	3	1	7	8	4	6	9
4	7	9	6	2	5	3	1	8
1	8	6	9	3	4	2	5	7
5	2	8	4	1	9	7	3	6
9	1	7	2	6	3	5	8	4
3	6	4	5	8	7	9	2	1

Puzzle # 81

4	5	8	9	1	3	2	7	6
2	1	6	5	4	7	8	3	9
3	7	9	2	8	6	1	4	5
6	3	5	1	9	2	7	8	4
8	9	4	7	3	5	6	2	1
1	2	7	8	6	4	9	5	3
9	6	3	4	7	8	5	1	2
7	4	2	6	5	1	3	9	8
5	8	1	3	2	9	4	6	7

Puzzle # 82

7	9	1	3	6	4	2	5	8
8	5	2	7	9	1	6	4	3
4	6	3	5	8	2	9	7	1
1	7	6	2	5	9	8	3	4
9	2	4	8	3	7	1	6	5
5	3	8	1	4	6	7	9	2
3	1	9	6	2	5	4	8	7
6	8	7	4	1	3	5	2	9
2	4	5	9	7	8	3	1	6

Puzzle # 83

8	1	5	9	7	6	2	3	4
6	2	9	8	3	4	1	5	7
3	4	7	5	1	2	8	6	9
4	6	2	7	9	3	5	1	8
5	8	3	2	4	1	9	7	6
9	7	1	6	8	5	4	2	3
2	3	8	4	5	7	6	9	1
1	5	4	3	6	9	7	8	2
7	9	6	1	2	8	3	4	5

Puzzle # 84

2	6	8	9	5	4	1	7	3
7	3	4	6	8	1	9	2	5
1	5	9	3	2	7	8	6	4
5	7	1	2	3	9	4	8	6
4	8	2	1	6	5	7	3	9
3	9	6	4	7	8	5	1	2
9	4	3	8	1	6	2	5	7
8	2	7	5	4	3	6	9	1
6	1	5	7	9	2	3	4	8

Puzzle # 85

5	3	1	6	4	8	9	7	2
7	4	9	2	5	1	8	6	3
8	6	2	9	7	3	1	4	5
2	5	8	4	3	7	6	9	1
3	1	7	8	9	6	2	5	4
6	9	4	5	1	2	3	8	7
1	8	3	7	6	4	5	2	9
4	2	5	3	8	9	7	1	6
9	7	6	1	2	5	4	3	8

Puzzle # 86

1	5	9	3	4	8	7	2	6
8	3	4	2	6	7	5	9	1
7	6	2	9	1	5	4	3	8
5	2	6	1	8	3	9	4	7
3	7	8	4	5	9	1	6	2
9	4	1	6	7	2	8	5	3
2	1	5	8	3	4	6	7	9
4	8	3	7	9	6	2	1	5
6	9	7	5	2	1	3	8	4

Puzzle # 87

1	2	3	4	8	5	7	6	9
8	6	7	2	9	3	1	4	5
5	4	9	7	1	6	3	8	2
3	5	6	1	4	9	8	2	7
7	8	4	5	6	2	9	1	3
2	9	1	3	7	8	4	5	6
4	7	2	6	3	1	5	9	8
6	3	8	9	5	4	2	7	1
9	1	5	8	2	7	6	3	4

Puzzle # 88

5	4	1	2	7	8	3	6	9
7	2	6	9	1	3	8	4	5
8	9	3	4	6	5	7	2	1
6	1	7	3	9	2	5	8	4
9	3	8	5	4	7	6	1	2
4	5	2	6	8	1	9	7	3
1	6	5	7	2	9	4	3	8
2	7	9	8	3	4	1	5	6
3	8	4	1	5	6	2	9	7

Puzzle # 89

8	1	3	7	4	9	6	2	5
7	2	4	6	8	5	1	3	9
9	5	6	3	2	1	7	8	4
3	8	9	2	1	4	5	7	6
4	6	1	5	3	7	8	9	2
2	7	5	8	9	6	4	1	3
6	3	2	4	7	8	9	5	1
1	4	8	9	5	3	2	6	7
5	9	7	1	6	2	3	4	8

Puzzle # 90

9	4	5	8	7	3	1	2	6
7	8	6	1	2	4	9	5	3
2	3	1	6	9	5	7	4	8
8	9	4	7	5	6	2	3	1
5	1	7	3	8	2	6	9	4
3	6	2	4	1	9	8	7	5
6	2	3	9	4	1	5	8	7
4	7	9	5	6	8	3	1	2
1	5	8	2	3	7	4	6	9

Puzzle # 91

3	6	9	4	5	1	2	8	7
1	7	8	9	6	2	3	4	5
2	4	5	8	7	3	9	1	6
7	9	2	1	3	6	8	5	4
4	3	6	5	8	7	1	9	2
8	5	1	2	9	4	6	7	3
5	1	3	6	4	8	7	2	9
9	2	7	3	1	5	4	6	8
6	8	4	7	2	9	5	3	1

Puzzle # 92

5	1	4	2	7	6	3	8	9
9	2	7	8	5	3	6	4	1
8	3	6	1	9	4	7	5	2
2	6	8	9	1	7	5	3	4
7	5	3	6	4	2	1	9	8
4	9	1	3	8	5	2	6	7
3	4	9	5	2	1	8	7	6
6	8	2	7	3	9	4	1	5
1	7	5	4	6	8	9	2	3

Puzzle # 93

8	5	3	7	6	9	1	2	4
1	6	2	4	8	3	7	9	5
7	4	9	1	5	2	8	6	3
9	3	1	8	2	4	6	5	7
2	7	4	5	1	6	3	8	9
5	8	6	9	3	7	4	1	2
3	9	8	6	7	5	2	4	1
4	1	7	2	9	8	5	3	6
6	2	5	3	4	1	9	7	8

Puzzle # 94

6	5	8	9	3	1	4	7	2
1	2	7	8	5	4	3	6	9
3	4	9	7	2	6	5	1	8
2	6	1	5	4	8	7	9	3
7	8	5	3	6	9	2	4	1
9	3	4	2	1	7	6	8	5
5	9	6	1	7	2	8	3	4
8	7	3	4	9	5	1	2	6
4	1	2	6	8	3	9	5	7

Puzzle # 95

9	2	5	4	3	7	1	8	6
7	1	8	6	5	2	9	3	4
4	3	6	8	9	1	5	2	7
2	8	7	9	1	4	6	5	3
1	6	9	3	8	5	7	4	2
3	5	4	7	2	6	8	1	9
8	4	3	1	6	9	2	7	5
5	9	1	2	7	3	4	6	8
6	7	2	5	4	8	3	9	1

Puzzle # 96

4	7	1	2	6	3	5	9	8
2	8	9	5	1	7	6	3	4
3	6	5	9	4	8	7	1	2
8	5	7	1	3	2	9	4	6
1	9	2	4	8	6	3	5	7
6	4	3	7	9	5	2	8	1
5	2	8	3	7	4	1	6	9
7	1	4	6	5	9	8	2	3
9	3	6	8	2	1	4	7	5

Puzzle # 97

1	8	2	5	9	4	6	3	7
4	6	9	7	2	3	8	5	1
7	5	3	1	8	6	2	9	4
9	1	5	4	3	8	7	6	2
6	3	8	2	7	9	1	4	5
2	7	4	6	5	1	3	8	9
8	4	6	9	1	2	5	7	3
5	9	1	3	6	7	4	2	8
3	2	7	8	4	5	9	1	6

Puzzle # 98

6	1	9	5	3	7	4	2	8
4	7	8	2	6	9	1	5	3
2	3	5	1	8	4	7	9	6
1	9	6	8	7	2	3	4	5
5	2	4	3	1	6	8	7	9
3	8	7	9	4	5	6	1	2
8	4	2	7	5	3	9	6	1
9	6	3	4	2	1	5	8	7
7	5	1	6	9	8	2	3	4

Puzzle # 99

2	5	3	1	7	9	6	4	8
7	4	9	6	2	8	5	3	1
8	6	1	3	4	5	7	9	2
1	9	7	4	5	6	2	8	3
6	8	2	7	3	1	4	5	9
5	3	4	8	9	2	1	7	6
9	7	6	2	8	4	3	1	5
3	1	5	9	6	7	8	2	4
4	2	8	5	1	3	9	6	7

Puzzle # 100

6	9	7	4	3	5	2	8	1
3	4	1	2	8	6	7	9	5
8	2	5	7	1	9	3	4	6
2	6	4	5	9	8	1	7	3
5	7	3	1	4	2	8	6	9
1	8	9	3	6	7	4	5	2
4	5	2	6	7	1	9	3	8
9	3	6	8	2	4	5	1	7
7	1	8	9	5	3	6	2	4

www.ingramcontent.com/pod-product-compliance
Lightning Source LLC
Chambersburg PA
CBHW080922170526
45158CB00008B/2196